FORSCHUNGSBERICHTE DES LANDES NORDRHEIN-WESTFALEN

Nr. 1911

Herausgegeben im Auftrage des Ministerpräsidenten Heinz Kühn
von Staatssekretär Professor Dr. h. c. Dr. E. h. Leo Brandt

DK 612.112.3
   591.111.7

Prof. Dr. med. Alfred Gropp

Pathologisches Institut der Universität Bonn

Stoffaufnahme von in vitro gezüchteten Zellen, unter besonderer Berücksichtigung von Phagocytose und Pinocytose

WESTDEUTSCHER VERLAG · KÖLN UND OPLADEN 1968

ISBN 978-3-663-03041-6   ISBN 978-3-663-04230-3 (eBook)
DOI 10.1007/978-3-663-04230-3

Verlags-Nr. 011911

Gesamtherstellung: Westdeutscher Verlag

Inhalt

I. Einleitung

Die Stoffaufnahme ist ein wesentlicher Teil der metabolischen Prozesse einer Zelle. Daher erklärt sich, daß unter den verschiedenen Lebensäußerungen der Zelle, die der morphologischen und mikroskopischen Analyse zugänglich sind, einige Vorgänge der Stoffaufnahme schon früh in der Geschichte der Zellbiologie ein Interesse gefunden haben. E. METSCHNIKOFF (1884) beschrieb die Aufnahme mikroskopisch sichtbarer Partikel in der Zelle, ein Vorgang, den wir nach ihm Phagocytose ($\varphi\alpha\gamma\tilde{\epsilon}\iota\nu$) nennen. Ein in gewisser Hinsicht ähnliches Phänomen, die Pinocytose ($\pi\acute{\iota}\nu\epsilon\iota\nu$), nämlich die Aufnahme von Flüssigkeit aus dem umgebenden Milieu in Form mikroskopisch sichtbarer Tröpfchen, beobachtete erstmals W. H. LEWIS (1931). Das Problem der Phagocytose hat seit ihrer ersten Beschreibung aus verschiedenen Gründen immer eine wichtige Rolle gespielt, nicht nur, weil dieser Vorgang auch mit den Methoden der klassischen Cytologie und Histologie in vielen Punkten analysierbar war, sondern auch weil er für die Lehre der Entzündung und der zellulären Immunität von großer Bedeutung schien. Die Entdeckung der Pinocytose dagegen wurde lange Zeit nicht genügend gewürdigt. Außer erneuten Beobachtungen zur Pinocytose an Tumorzellen von W. H. LEWIS (1937) findet sich im älteren Schrifttum nur die Beschreibung einer Pinocytose bei Amoeben von MAST und DOYLE (1934).

Die modernen Weiterentwicklungen der klassischen morphologischen Cytologie, vor allem die Phasenkontrastmikroskopie, die Elektronenmikroskopie und die Histochemie haben von der Zelle das Bild eines außerordentlich differenzierten und komplizierten Strukturgefüges entworfen. Dieses Strukturgefüge ist das Gerüst, an dem sich die funktionellen Vorgänge der Zelle abspielen. Unsere Vorstellungen über die Phagocytose und Pinocytose haben durch die genannten Methoden eine wesentliche Vertiefung erfahren, vor allem wurde durch die Elektronenmikroskopie die weite Verbreitung pinocytoseähnlicher Mechanismen im submikroskopischen Größenordnungsbereich bei sehr verschiedenen Zelltypen gezeigt (u. a. ODOR, 1956; PALAY und KARLIN, 1959; NOVIKOFF et al., 1960; KISCH, 1960; BARLAND et al., 1962).

Dieser Beitrag wird sich mit einigen Aspekten der Dynamik der Phagocytose und Pinocytose beschäftigen. Als wichtigstes Hilfsmittel zum Studium dieser Stoffaufnahmevorgänge dient die Lebendbeobachtung im Phasenkontrastmikroskop (Abb. 1a und b) und die Phasenkontrastkinemikrographie von in vitro gezüchteten Zellen. Die damit erzielten Ergebnisse werden mit submikroskopischen Befunden verglichen werden.

Phagocytose von Partikeln über 0,5–1 μ Größe kann an Gewebskulturzellen im Phasenkonstrastmikroskop leicht beobachtet werden (Abb. 1b). Je nach der Art der Partikel können ihre Lokalisation in der Zelle und ihr weiteres Schicksal durch besondere optische oder färberische Methoden untersucht werden. Die Vakuolen von zur Pinocytose befähigten kultivierten Zellen zeigen sehr unterschiedliche Größe, meistens zwischen 0,5 und 5 μ (Abb. 1a). Das Phasenkontrastmikroskop ermöglicht nicht die Beobachtung von Pinocytosevorgängen noch wesentlich kleinerer Dimensionen. Diese untere Grenze der Beobachtbarkeit der Pinocytose ist zugleich die Grenze, an der sich die Notwendigkeit einer einigenden Theorie zwischen der direkten morphologischen Analyse ihrer Dynamik und der submikroskopischen bzw. auch biochemischen Strukturanalyse ergibt. Es ist kaum vorstellbar, daß das Auflösungsvermögen des Phasenkontrastmikroskops mit der unteren Grenze der Größenordnung der Pinocytosevorgänge gerade zusammenfällt. Es handelt sich darum, herauszufinden, ob die Pinocytose mikroskopischer Größenordnung, wie sie Lewis beschrieb, und die Mikropinocytose (Odor, 1956; Palay und Karlin, 1959) submikroskopischer Größenordnung einen und denselben Prozeß darstellen (Policard und Bessis, 1962; Wittekind, 1963), und ob zwischen ihnen Übergänge bestehen. Der Durchtritt gelöster Nährstoffe in molekularer Größenordnung durch die Plasmamembran folgt den Gesetzen der passiven oder aktiven Membranpermeabilität der Zelle (vgl. Lefevre, 1955; Murphy, 1957). Diese entzieht sich freilich völlig der direkten morphologischen Untersuchung. Sie läßt sich allenfalls mittelbar erschließen, wenn sie von morphologisch faßbaren Erscheinungen, nämlich der Pinocytose, begleitet ist. Die Aufnahme von Makromolekülen kolloidaler Natur durch die Zelle und ihre Ablagerung oder Speicherung im Cytoplasma läßt sich jedoch mikroskopisch-färberisch (z. B. Proteine, Gropp, 1960), fluoreszenzmikroskopisch (fluorochromierte Proteine, Holter und Marshall, 1954) oder elektronenmikroskopisch (z. B. Ferritin, Bessis und Breton–Gorius, 1957) nachweisen. Die Kolloidpermeation zeigt Beziehungen sowohl zur Phagocytose wie zur Pinocytose. Es bleibt allerdings eine Frage, ob, wie Holter (1959) meint, infolge dieser Stellung der Kolloidpermeation zwischen der Phagocytose und der Pinocytose die scharfen Unterschiede zwischen diesen beiden Prozessen aufgehoben werden. Novikoff (1961) vertritt den gleichen Standpunkt wie Holter und schlägt für Phagocytose und Pinocytose den gemeinsamen vereinfachenden Ausdruck »Cytosis« vor.

Die phasenkontrastmikroskopische Beobachtung und Phasenkontrastkinemikrographie von lebenden Zellen sind rein morphologische Methoden, mit denen funktionelle Vorgänge und Lebensäußerungen der Zelle untersucht werden. Diese Methoden haben den Vorteil, daß sie klare morphologische Fakten vermitteln können, soweit das Auflösungsvermögen des Mikroskops reicht, und eine Zeitraffung der Kamera die Geschwindigkeit eines Bewegungsvorgangs der physiologischen Wahrnehmbarkeit des Beobachters anpassen kann. Sie finden ihre Grenzen darin, daß sie nur den morphologischen Aspekt einer Veränderung im Laufe eines funktionellen Zellprozesses erfassen. Eine Darstellung der Ergebnisse der Lebendbeobachtung und Kinematographie der Phagocytose- und Pinocytosevorgänge muß daher durch Ergebnisse anderer cytologischer Methoden ergänzt werden. Die Aufnahme eines Stoffes ist immer gleichzeitig eine Frage der Penetration durch die Plasmamembran und seines weiteren Schicksals im Cytoplasma. Es wird daher auch in einem eigenen Abschnitt (Abschnitt V) auf einige Beobachtungen über Abbau und Ablagerung von aufgenommenen Stoffen eingegangen.

II. Dynamik der Phagocytose

Die Phagocytose, also die Aufnahme von geformten Partikeln in das Cytoplasma ist ein weit verbreitetes Phänomen, das – worauf bereits hingewiesen wurde – in Anbetracht dessen, daß die phagocytierten Partikel im mikroskopischen Größenordnungsbereich liegen, in vielen seiner Aspekte mit Hilfe der klassisch-cytologischen und histologischen Methoden aufgeklärt worden ist. Ein genaueres Studium der Vorgänge bei der Ingestion von Partikeln und ihres weiteren Transports im Cytoplasma samt der damit verbundenen Veränderungen setzt phasenkontrastmikroskopische Lebendbeobachtungen an flach ausgebreiteten Zellen in vitro voraus. Den hier geschilderten Beispielen liegen Beobachtungen an in vitro gezüchteten menschlichen embryonalen Fibroblasten (Perichondrium, Herz, Milz), Mäusesarkomzellen, Amoebocyten (»Makrophagen«) aus Lunge und Milz von menschlichen und Rattenembryonen und Zellen folgender permanenter Stämme zugrunde: AFi, (Gey), Walker-Tumor, Strain L, HeLa und H.Ep. No. 2. Als phagocytierbare Partikel wurden haemolysierte Erythrocyten (zur Methode: Gropp und Hupe, 1956), Melaningranula, die aus dem Harding-Passey-Melanom der Maus isoliert wurden, sowie auch Bakterien, Latex-Granula und Quarzpartikel verwendet.

Die Versuche mit allen angeführten Zellarten und mit den verschiedenen phagocytierbaren Partikeln hatten zum Ergebnis, daß alle diese in vitro gezüchteten Zellarten zur Phagocytose befähigt sind. Es wurde keine Zellart angetroffen, die nicht sowohl Melaningranula, Erythrocyten, Bakterien als auch Latex-Granula oder Quarzpartikel zu phagocytieren imstande wären. Im einzelnen allerdings gestaltet sich die Art der Aufnahme in Abhängigkeit von der Größe der phagocytierten Teilchen etwas verschieden. Auch die Geschwindigkeit der Aufnahme einzelner Teilchen wechselt in gewissen Grenzen. Im allgemeinen ist für die Phasenkontrastkinemikrographie eine Raffung entsprechend 1:30 bis 1:70 notwendig, um mit der Stoffaufnahme verbundene Bewegungsvorgänge in einen optimalen physiologischen Wahrnehmungsbereich zu bringen. Das Ausmaß der Phagocytose der einzelnen Zellarten hängt nach unseren eigenen Beobachtungen stark von der Methode der Kultivierung der Zellen in vitro ab: es scheint in einer Beziehung zu der Möglichkeit zu stehen, die den Zellen gegeben ist, mit den zu phagocytierenden Partikeln in Kontakt zu kommen.

A) Phasenkontrastmikroskopische Beobachtung

Die Abb. 1b zeigt einen menschlichen Fibroblasten bei der Phagocytose von haemolysierten Erythrocyten. Wenn derartige Erythrocyten in dem Plasmagerinnsel des Züchtungsmilieus verstreut liegen, geraten die Fibroblasten durch die Wanderungsbewegungen beim Auswachsen der Kultur mit ihren peripheren Fortsätzen an diese heran. Gewöhnlich umfließen dann schmale Hyaloplasmazungen eine solche Erythrocytenhülle. Dies geschieht manchmal so, daß schleierförmige Cytoplasmafortsätze zuerst an feinsten haarförmigen Ausziehungen, die die Hülle bereits berühren, ausfließen. Wenn dann von der Zelle her genügend Plasmasubstanz nachgeschickt werden kann, werden die zu phagocytierenden Hüllen unter Umständen zunächst wie durch einen Saugnapf fixiert und dann ganz umfaßt und einverleibt. Dieser Vorgang spielt sich bei der Phagocytose von Erythrocytenhüllen durch andere Zellen etwa in der gleichen Weise wie bei den Fibroblasten ab. Er dauert in der Regel für ein derartiges Partikel eine halbe bis zwei Stunden, manchmal aber auch länger. Die Abb. 1b erweist zugleich, daß die von der Flüssigkeit des umgebenden Milieus ausgefüllten Erythrocyten-»Ghosts« nach ihrer Ingestion in das Cytoplasma durch Flüssigkeitsentzug schrumpfen und dann offenbar durch Abbau auch verschwinden.

Dagegen pflegt die Phagocytose kleinerer Partikel, also von Melaningranula (ungefähr 1–2 μ), Bakterien (ungefähr 1–3 μ), Latex-Kügelchen (0,8 μ) oder Quarzteilchen (1–4 μ) wesentlich unauffälliger zu verlaufen: diese Partikel werden von ausfließenden Cytoplasmazungen erfaßt und scheinen in das Cytoplasma einzusinken. Im einzelnen mögen dabei allerdings die gleichen Vorgänge wie bei den wesentlich größeren Erythrocytenhüllen auftreten, die bloß bei den kleineren Partikeln an oder unter der Grenze der mikroskopischen Wahrnehmung stehen. Dafür spricht das Vorhandensein undulierender Randfältchen zusammen mit lokalen Hyaloplasmaverdichtungen am phagocytierenden Zellrand. Es ist bemerkenswert, daß dieser Vorgang bzw. die damit verbundene größere Membranaktivität von einer schubweisen Flüssigkeitsaufnahme durch Pinocytose begleitet ist, erkennbar an zugleich auftretenden größeren und kleineren Pinocytosevakuolen. Auch die Phagocytose von Latex-Partikeln ist von stärkerer Pinocytose begleitet. Es ist bemerkenswert, daß sich die phagocytierten Partikel in diesem Fall meist in Vakuolen befinden, die Pinocytosebläschen ähnlich sind. Dies stimmt mit elektronenmikroskopischen Befunden überein, die OVERMANN (1961) an Hühnerfibroblasten und SANDERS und ASHWORTH (1961) an Darmepithelien und z. B. Leberzellen erhoben haben.

B) Quantitative Verhältnisse bei der Phagocytose

Das Ausmaß der Phagocytose, also die Menge der phagocytierten Partikel in einer Zelle, erscheint häufig sehr unterschiedlich. Bei Versuchen mit Kulturen im hängenden Tropfen, also der Verteilung der zu phagocytierenden Partikel in einer glas-nahen Schicht innerhalb eines Plasmagerinnsels, dringen die Zellen im Laufe des radiär gerichteten Auswachsens aus dem Kulturmittelstück je nach der Zellart in einer mehr oder minder geschlossenen Front gegen die verstreut liegenden Partikel vor. Die erste Linie der Zellfront phagocytiert hier sozusagen das Feld frei (Abb. 2). Bei dieser Versuchsanordnung hängt die Intensität der Phagocytose ganz von dem Wachstumsverhalten eines gegebenen Zelltyps ab. Die peripheren Zellen z. B. einer sehr lockeren Fibroblastenkultur lassen viele Partikel für die nachfolgenden Zellen liegen, die mit ihren Ausläufern nach und nach alle Partikel phagocytieren. Dies heißt also: bei der verhältnismäßig geringen Zelldichte einer solchen Kultur trifft auf eine Zelle ein großes »Phagocytoseareal« und dementsprechend eine relativ große Zahl phagocytierter Partikel pro Zelle. Anders liegen die Verhältnisse bei epithelialen Gewebekulturen, wie z. B. bei HeLa-Kulturen: die Zellen dringen in einer geschlossenen Membran von großer Zellzahl und Zelldichte in das partikelhaltige Plasmamilieu vor und phagocytieren nur am peripheren Zellensaum. Auf eine Zelle fällt dabei nur ein kleines Areal von Milieu, das phagocytierbare Partikel enthält. Daraus muß bei gleicher Partikelzahl eine wesentlich geringere Menge phagocytierter Teilchen je Zelle resultieren. Tatsächlich findet sich bei dieser Züchtungsmethode eine verhältnismäßig geringe Phagocytoseleistung der HeLa-Zellen.
In Zellkulturen dagegen, bei denen in flüssigem Milieu die Zell- und Partikelsuspensionen in etwa gleichmäßiger Verteilung inoculiert werden, und die Zellen auf der Glasoberfläche ablagern bzw. festhaften, ergibt sich ein anderes Bild. Bei dieser Züchtungsart können die Mengenverhältnisse und Lagebeziehungen zwischen Zellen und Partikeln wenigstens zu Beginn einer Züchtungsperiode etwa gleichmäßig gehalten werden. Dementsprechend findet man dabei eine etwa gleichmäßige Intensität der Phagocytose der verschiedenen Zellarten, auch solcher, die in Plasmaclotkulturen, etwa wie die epithelialen HeLa-Kulturen, nur wenig phagocytieren, weil ihnen dort nur ein kleines »Phagocytoseareal« zur Verfügung steht. Danach scheint also das Phagocytosevermögen der verschiedenen Zellarten, soweit sie für die hier geschilderten Beobachtungen verwendet werden, etwa gleich gut ausgebildet zu sein und im wesentlichen davon abzuhängen, ob den Zellen phagocytierbares Material erreichbar ist.
Nach unseren eigenen Beobachtungen sind die Amoebocyten, also die Histiocyten vom Typ der sogenannten »Makrophagen« (Abb. 1a), in dieser Hinsicht gegenüber den übrigen Zellen nur dadurch ausgezeichnet, daß ihnen dank ihrer amoeboiden Beweglichkeit mehr Gelegenheit zur Phagocytose geboten wird: ihnen steht also ein größeres »Phagocytoseareal« zur Verfügung. Man kann z. B. beobachten, daß in Fibroblastenkulturen, die Amoebocyten enthalten, alles phagocytierbare Material von den umherwandernden Amoebocyten aufgenommen wird, während diese Partikel in den Vergleichskulturen ohne Amoebocyten von den Fibroblasten phagocytiert werden.

C) Experimentelle Beeinflussung der Phagocytose

WRBA (1960) hat an Ascites-Tumorzellen beschrieben, daß bei erhöhtem Glukose-spiegel des Milieus eine Aktivierung der Phagocytose stattfindet. Entsprechende Versuche, die wir selbst bei der Phagocytose von Melaningranula durchgeführt haben, ließen bei grober Schätzung der je Zelle aufgenommenen Granula eine solche Aktivierung nicht feststellen; sie läßt sich auch bei der normalerweise in einem Gewebekultursystem hohen Phagocytoseleistung nicht erwarten. Dagegen ist es bemerkenswert, daß gewisse Stoffwechselgifte und andere Stoffe die Phagocytoseleistung hemmend beeinflussen können. Das Ergebnis einer Versuchsserie zur Hemmung der Phagocytose zeigt die folgende Tabelle.

*Tab. 1   Hemmung der Phagocytose von Melaningranula**

	KCN		NaF		Phemerol 1:10^5	Äthylurethan 0,5% 1%	
	0,001 M	0,005 M	0,001 M	0,002 M		0,5%	1%
HeLa	**	***	–	(*) ?			
Af (H.Ep. No. 2)	**	***	–	(*) ?			
Walker-Tumor	–	(*) ?	–	–		(*) ?	*
L-Stamm	**	***	–	(*) ?	*	*	*

–   = keine Hemmung   ** = stärkere Hemmung
(*) ? = fragliche Hemmung   *** = sehr starke Hemmung
  *   = deutliche Hemmung

* Die verwendeten Konzentrationen von KCN, NaF und Äthylurethan sind dabei nach jeweiligen Vorversuchen so gewählt, daß die geringere höchstens zu einer eben beginnenden, die höhere zu einer wohl deutlicheren, jedoch noch nicht schweren Zellschädigung führt. Die Konzentration des Phemerols von 1:10^5 bewirkt zwar kaum eine Allgemeinschädigung der Zelle, aber bereits eine sehr starke Hemmung (GROPP und HELLWEG, 1959) einer an der Zelloberfläche nachweisbaren unspezifischen Esterase. Die Fixierung und Färbung der Zellkulturen zur quantitativen Bestimmung der Phagocytoseaktivität erfolgte jeweils 24, 48 und 72 Stunden nach Zugabe der betreffenden Substanz zum Nährmedium.

Die Tatsache einer Hemmung der Phagocytose durch Äthylurethan steht in einem auffälligen Gegensatz zu Beobachtungen von A. FISCHER und LASER (1927), nach denen dieser Stoff die Phagocytoseleistung von Fibroblasten aktivieren soll. MASSHOFF und Mitarb. (1948) andererseits haben in Untersuchungen über die Phagocytose an Leukocyten ebenfalls eine Hemmung durch Urethan festgestellt.

III. Dynamik der Pinocytose

W.H. LEWIS (1931, 1937) hatte die Aufnahme von Flüssigkeit in Tröpfchenform erstmals an Amoebocyten (»Makrophagen«, Abb. 1a) und dann an in vitro kultivierten Tumorzellen in Form einer Phagocytose von Flüssigkeitstropfen beschrieben. Nach Einführung der Phasenkontrastmikroskopie und -kinemikrographie haben GEY et al. (1954, 1955) als erste wieder diesem Phänomen große Aufmerksamkeit geschenkt. In unübertrefflichen kinematographischen Bildserien hat GEY (vgl. 1955, Abb. 6 und 9) an menschlichen Sarkomzellen und anderen Zellen den Pinocytosevorgang in seinem Verhältnis zur Membranundulation und zu den Mitochondrien dargestellt. Mittlerweile fand sich, daß die Pinocytose bei den allermeisten in vitro gezüchteten Zellen vorkommt (vgl. POLICARD und BESSIS, 1959) und darüber hinaus eine fast universelle Verbreitung besitzt, nämlich von Schleimpilzen (GUTTES and GUTTES, 1960), Amoeben (vgl. HOLTER, 1959) bis zu den Gewebs- und Organzellen im Säugerorganismus (PALADE, 1953, 1956; KLATZO und MIQUEL, 1960; u. a.). Sie scheint demnach eine Form der Stoffaufnahme von allergrößter Bedeutung zu sein, deren Vorkommen bei so verschiedenartigen Organismen im Einzelfalle eine große Variabilität des Prozesses annehmen läßt. Soweit sie an Zellen innerhalb von Gewebs- und Organverbänden in elektronenmikroskopischen Untersuchungen beschrieben wurde (vgl. ODOR, 1956; PALADE, 1956; PALAY und KARLIN, 1959; KISCH, 1960; u. a.), handelt es sich um die Aufnahme submikroskopischer Vesikel von völlig anderer Größenordnung als die mikroskopisch sichtbare Pinocytose von Zellen in der Gewebekultur (Abb. 3 und 4). Für die letztere haben viele Beobachter, darunter, wie bereits erwähnt, W. H. LEWIS und vor allem GEY et al., die Annahme vertreten, daß hierbei eine Art Phagocytose von Flüssigkeitstropfen, also Tröpfchen der Milieuflüssigkeit, vorliegt. Während allerdings phagocytierte Partikel auf ihrem Wege in die Zelle bzw. beim Durchtritt durch die Plasmamembran verfolgt und zumeist nach ihrer stofflichen Beschaffenheit definiert werden können, trifft dies für die Pinocytose nicht zu. Wir können die Flüssigkeitströpfchen erstmals dann beobachten, wenn sie sich bereits unter der Zelloberfläche im Cytoplasma befinden. Wenn es sich bei dem Auftreten der mikroskopisch erkennbaren Flüssigkeitströpfchen um eine phagocytoseähnliche Ingestion handeln würde, so wäre zu erwarten, daß wenigstens bis zum Einsetzen der intracytoplasmatischen Aufarbeitung der Inhalt von Pinocytosevakuolen der Zusammensetzung des Züchtungsmilieus entspräche. Das würde bedeuten, daß jeder in dem Züchtungsmilieu enthaltene Bestandteil zumindest die Möglichkeit besitze, in das Cytoplasma unter Umgehung einer zellspezifischen Membranbarriere zu permeieren. Dies wird in gewisser Hinsicht tatsächlich von einer Reihe von Untersuchern für möglich gehalten (vgl. WOHLFARTH–BOTTERMANN, 1960; POLICARD und BESSIS, 1959). Als Stütze für diese Anschauung dient u. a. auch die Beobachtung von HOLTER und MARSHALL (1954) an der Amoebe *Chaos chaos* über die Aufnahme fluorochromierter Proteine, also hochmolekularer Stoffe, aus dem Züchtungsmilieu in das Cytoplasma. In ähnlichen derartigen Versuchen, die sie auf kultivierte Zellen und Gewebsschnitte von Säugergeweben ausgedehnt haben, haben HOLTER und HOLTZER (1959) allerdings feststellen können, daß die Aufnahme fluorochromierter Proteine offenbar nur einer beschränkten Gruppe dafür spezialisierter Zellen zukommt.

An *Amoeben*, deren Pinocytoseaktivität eingehend untersucht wurde (BRANDT, 1958; HOLTER, 1959), läßt sich im Phasenkontrastmikroskop und bei Angebot von Fluorescein-markierten Proteinen folgender Ablauf der Pinocytose erkennen: eingeleitet durch eine Fältelung entsteht eine Invagination des Plasmalemmas in Form »tunnelartiger« Gänge in das Cytoplasma. Diese trennen sich vom Plasmalemma ab und zerfallen in kleine »Tröpfchen«, deren Wandungen noch von der Plasmamembran gebildet werden und daher wie diese noch eine positive PAS-Reaktion zeigen (BRANDT, 1958). WOHL-FARTH–BOTTERMANN (1960), der in elektronenmikroskopischen Untersuchungen diesen Aufnahmemodus der Flüssigkeitströpfchen bestätigte, wies außerdem nach, daß die »Pinocytose-Bläschen« im Ekto- und Endoplasma der Amoeben fragmentieren können. Die mit diesen Bläschen aufgenommene Flüssigkeit kann sich daher im Cytoplasma verteilen. Die Untersuchung der Pinocytose an Amoeben hat eine Reihe von Abhängigkeiten der Induktion der Pinocytose und ihrer Aktivität von Neutralsalzen, Proteinen, vom pH, von der Temperatur usw. ergeben (vgl. DE TERRA und RUSTAD, 1959; u. a.).

Es muß jedoch darauf hingewiesen werden, daß sicher wesentliche Unterschiede zwischen der Pinocytose der Amoeben und derjenigen von Warmblüterzellen bestehen. Die Amoebe, das mag in diesem Zusammenhang bemerkt werden, befindet sich biologisch als »Einzelzellorganismus« in einer anderen Situation als die Warmblüterzelle. Die Amoebe dürfte daher ebenso für die Aufnahme von Stoffen eigene Mechanismen entwickelt haben, wie sie sie auch für deren Ausscheidung besitzt (z. B. die pulsierenden Vakuolen).

Die eigenen Beobachtungen zur Pinocytose wurden an den gleichen Zellen gemacht, die bereits in einem vorigen Abschnitt (Kapitel II) aufgeführt wurden. In allen diesen Zellarten kommt Pinocytose vor. Dabei unterscheiden sich die einzelnen Zelltypen jedoch wesentlich nach dem Ausmaß ihrer Pinocytoseaktivität. Die Amoebocyten (»Makrophagen«, Abb. 1a), die Zellen des AFi-Stammes (s. Abb. 3 und 4), des Walker-Tumors und des L-Stammes lassen bei der Lebend-Beobachtung fast immer überaus lebhaft Pinocytosevorgänge erkennen. In HeLa- und H.Ep.-No. 2-Zellkulturen besteht eine mittlere Pinocytoseaktivität, wobei die großen mehrkernigen, flach ausgebreiteten Zellen reichlicher pinocytieren als die kleineren Zellen, die auch in dichteren Verbänden liegen. Bei Fibroblasten schließlich besteht eine Abhängigkeit von der Züchtungsart insofern, als diese Zellen in Plasmaclot-Kulturen nur selten Pinocytose zeigen; sie besitzen dagegen in plasmafreiem, flüssigem Milieu eine gelegentlich recht lebhafte Pinocytoseaktivität.

Die Geschwindigkeit der Pinocytosevorgänge kann sehr wechseln. Sie ist bei Amoebocyten oder z. B. AFi- und Walker-Tumorzellen so groß, daß bei der Kinemikrographie die Raffung so klein wie irgend möglich gehalten werden kann.

A) Phasenkontrastmikroskopische Beobachtungen

Bei der Untersuchung von Pinocytosevorgängen an Zellen in der Gewebekultur zeigte sich in Übereinstimmung mit den Beobachtungen anderer Autoren (vgl. GEY et al., 1954, 1955) immer eine auffällige Beziehung der Aufnahme von Flüssigkeit in Tröpfchenform mit undulierenden Bewegungen des Plasmasaums (Abb. 3 und 4). Es ließ sich niemals an einer Zelle eine Pinocytose ohne diese Undulation von Membranfalten beobachten. Umgekehrt folgt diesen Bewegungen zwar meist, aber bei weitem nicht immer, das Erscheinen von Flüssigkeitströpfchen unter der Plasmamembran.

Da die Randundulationen der Zelle, die den Pinocytosevorgang einleiten, oft sogar sehr heftig sind, entsteht leicht der Eindruck einer Inclusion der Flüssigkeitströpfchen, besonders auch in kinematographischen Serien, die den an sich schon rasch verlaufenden Prozeß am Zellsaum bei einer Raffung noch wesentlich beschleunigen. Dazu treten Beobachtungsschwierigkeiten der räumlichen Zuordnung der sich verändernden Falten und der Tröpfchen. Für eine genauere Analyse erwiesen sich Zellen des AFi-Sarkoms als besonders gut geeignet. Die Abb. 3 zeigt in typischer Weise Pinocytose-Vorgänge an einem Ausschnitt des Cytoplasmas einer AFi-Zelle; die Serie der Abb. 4 gibt Bildfolgen eines Cytoplasmasektors einer lebenden AFi-Zelle in Zeitabständen wieder, die auf die Zeit »0 min« der Teilabbildung links oben bezogen sind. Bei der Beobachtung der Pinocytose an diesen Zellen wird häufig eine gewisse Dissoziation der Undulation des Zellsaums vom Auftreten der Tröpfchen deutlicher bemerkbar, und zwar in dem Sinne, daß die undulierenden Faltenbewegungen vorausgehen und die Flüssigkeitsansammlungen im Cytoplasma erst in Erscheinung treten, wenn der Zellsaum bereits wieder ausgeglättet ist. Die Abb. 4 zeigt dies beim Vergleich des mittleren Sektors des Zellsaums des Teilbildes »1 min« und »3 min« sowie bei der vergleichenden Betrachtung des mehr rechts seitlich gelegenen Zellrandbezirks bei »1 min« und »4 min« bzw. »8 min« und »9/10 min«. Bei der weiteren genaueren Analyse der Abb. 4 ergibt sich aber vor allem, daß die jeweils jüngsten, dicht am Zellrand liegenden Flüssigkeitsansammlungen (z. B. bei »0 min« und »9 min«) noch keine Tropfen im eigentlichen Sinne darstellen. Sie sind unregelmäßig begrenzt, offenbar sehr flach ausgebreitet und insbesondere noch wenig kontrastreich. Erst nach gewisser Zeit (bei »9 min« und »12 min«) und mit beginnender Wanderung in Richtung des Zellkerns tritt bei zunehmendem Kontrast eine Tropfengestalt auf. Derartige Beobachtungen sprechen eher dafür, daß sich zunächst in der Zellperipherie unter der Plasmamembran ein Bezirk starker Flüssigkeitsdurchtränkung ausbildet, in dem dann erst ein Tropfen entsteht.

Meist ist die Pinocytose mit den sie begleitenden Randundulationen auf einzelne Segmente des Cytoplasmasaums beschränkt. Solche Stellen können dann in einem längeren Beobachtungszeitraum unter Umständen mit der Veränderung der Zellgestalt wechseln. Darüber hinaus verläuft die Pinocytose bei fast sämtlichen Zellarten mit stärkerer Pinocytoseaktivität häufig in Schüben, derart, daß innerhalb eines kürzeren Zeitraums von Minuten bis zu etwa einer Stunde zahlreiche Pinocytosetröpfchen unter dem Zellsaum entstehen und dann ein neuer Schub erst nach einem etwas längeren Intervall eintritt. Diesen schubweisen Verlauf zeigt ebenfalls die Abb. 4; die Bildung der rechts oben befindlichen Tropfen bei »3 min« bis »12 min« hat dabei etwa 9 Minuten gedauert. Die Tröpfchen des vorhergegangenen Schubs sind in der Zwischenzeit kernwärts gewandert. Dabei konfluieren häufig kleinste Tröpfchen mit größeren, aber es trennen sich umgekehrt auch größere Tropfen zu kleineren. Mit dem Transport nach dem Zellinnern erfolgt jedoch allgemein eine Volumenabnahme der Flüssigkeitsvakuolen, bis sie in Kernnähe dann verschwinden oder aber noch länger liegenbleiben und angesammelt werden. Vor allem Rose (1957 a und b) hat darauf aufmerksam gemacht, daß bei der Volumenabnahme und der Schrumpfung der Pinocytosevakuolen sich der Refraktionsindex ihres Inhaltes ändert. Bei Verwendung der Phasenkontrastoptik von Bausch & Lomb geht sie von einem hellen in einen dunklen Kontrast über. Rose gelang auch der Nachweis besonderer Granula, die er als Mikrokinetosphären bezeichnete und deren Kontakt mit den Pinocytosevakuolen für die Abrundung, die Schrumpfung und die Änderung des Refraktionsindex dieser Vakuolen verantwortlich sein soll.

B) Verhalten der Mitochondrien bei Pinocytose

Den Mitochondrien, die in großer Zahl jeweils in den Bezirken stärkerer Pinocytoseaktivität nachweisbar sind, scheint im Ablauf der Pinocytose eine besondere Bedeutung zuzukommen. Dies gilt wahrscheinlich weniger für die erste Bildung der Tröpfchen am Zellsaum. Dieser selbst bleibt meist frei von Mitochondrien. Die Mitochondrien haben möglicherweise eher eine Bedeutung für die weitere Aggregation der Tröpfchen, ihre Umgestaltung, ihren Transport ins Zellinnere und schließlich ihren Abbau, vielleicht, indem sie für diese Vorgänge durch Spaltung von ATP die nötige Energie liefern. Jedenfalls werden die Ansammlungen von Pinocytosevakuolen im Cytoplasma in der Regel von zahlreichen Mitochondrien umgeben (s. Abb. 3 und 4), welche dabei vielfache, zum Teil recht lebhafte Ortsveränderungen mitmachen, sich an die Tröpfchen anlagern und sich dann wieder von ihnen entfernen. Die genauere Beobachtung zeigt darüber hinaus meist, daß an den fädigen Mitochondrien dabei nicht selten eine Art Amputation kleiner Teile oder gar eine ausgedehnte Fragmentierung eintritt. Die getrennten Fragmente entfernen sich in verschiedene Richtungen und können sich wieder mit anderen zu längeren Fäden vereinigen. Es besteht also bei der Pinocytose, soweit sich dies aus den beschriebenen Vorgängen schließen läßt, eine überaus lebhafte Aktivität der Mitochondrien. Weitere Beziehungen zwischen Pinocytosetröpfchen und Mitochondrien bestehen wohl auf Grund der Ergebnisse der morphologischen Beobachtung nicht. Auf die Bedeutung sogenannter Mikrokinetosphären, wie sie ROSE (1957 a und b) beschrieb, wurde bereits hingewiesen. In eigenen Untersuchungen an AFi- und Walker-Tumorzellen konnten derartige Granula nicht beobachtet werden. Andererseits geben die Bildserien von ROSE (vgl. 1957 b, Abb. 1–16) von HeLa-Zellen einen beweisenden Anhalt für die Bedeutung derartiger Granula.

C) Vergleichende Beobachtungen zur Pinocytose bei der Einwirkung von ATP

Davon ausgehend, daß die Pinocytose immer von Undulationen des Zellsaums begleitet wird, wurde der Einfluß von ATP auf die Pinocytoseaktivität geprüft. ATP führt zu einer wesentlichen Vermehrung und Beschleunigung dieser Undulation. Tatsächlich läßt sich bei einer Verwendung von ATP in einer Dosis von 2 bis 4 mg/ml z. B. an HeLa-Zellen eine deutliche Verstärkung und andererseits in einem fast pinocytosefreien Mammacarcinom-Zellstamm der Maus ein Neuauftreten der Pinocytose erkennen. An Walker-Tumorzellen führt ATP in einer Dosis von 4 mg/ml zunächst zu einer wesentlichen Aktivierung der Membranundulationen und zugleich auch zu einer Verstärkung der Pinocytose. Nach etwa 5–10 Minuten läßt sich jedoch eine Erstarrung der Plasmamembran und auch ein Sistieren der Pinocytose feststellen. Dann folgt jedoch wieder nach 1–3 Stunden, offenbar mit der Abnahme der ATP-Wirkung, ein erneutes Einsetzen starker Membranundulationen und damit auch ein neuer Pinocytoseschub.
Im Laufe der Beobachtungen zur Wirkung des ATP an den HeLa-Zellen wurde mehrfach ein eigentümliches Entmischungsphänomen im Cytoplasma festgestellt, das möglicherweise gewisse Beziehung zur Entstehung der Flüssigkeitströpfchen bei der Pinocytose hat. Es könnte ein Modell für die Bildung dieser Tropfen aus mehr diffusen Flüssigkeitsansammlungen im Cytoplasma darstellen. Bei Verwendung höherer Konzentrationen von ATP (3–4 mg/ml) entstehen nämlich im Grund der Zellperipherie eigentümliche band- und mäanderartige Muster (Abb. 5) von offenbar flüssigkeitsreicheren Bezirken neben dichteren Gelen. Sie bilden sich aus bandartigen Aufhellungszonen. Schließlich kommt es zum Auftreten zahlreicher kleinster Bläschen im Cytoplasma, teil auch zu größeren lakunären Flüssigkeitsräumen. Für die Deutung dieses Befundes als Entmischungsvorgang im Sinne von lokal übersteigerten Sol-Gel-Transformationen spricht auch, daß derartige Phänomene unter der ATP-Wirkung dann besonders deutlich sind, wenn eine Schwellung des Cytoplasmas und der Mitochondrien vorausging, wie sie z. B. unter der Behandlung der Zellen mit Gamma-Globulinen in 1%iger Konzentration auftritt.

IV. Beobachtungen zur Aufnahme und Speicherung hochmolekularer Stoffe

Die Kolloidpermeation, also der Durchtritt von Stoffen des Größenbereichs von 10 bis 1000 Å, ist nach G. H. HIRSCH (1955) eine Zelleistung im Sinne des Tiefenstofftransportes; sie betrifft bereits so große Moleküle bzw. molekulare Aggregate, daß die Poren der Plasmamembran für eine passive Permeation nicht ausreichen. Wenn bestimmte Kolloide also in das Cytoplasma eintreten, so kann dies nur durch eine selektive Resorptionsleistung geschehen, möglicherweise im Zusammenhang mit der Pinocytose.

A) Aufnahme und granuläre Speicherung von Serumproteinen im Cytoplasma

Bei Verwendung bestimmter Humanseren im Nährmilieu der Kulturen beobachtete G. Rose (1957 a und b; 1958) das Auftreten von kontrastreichen Granula im Cytoplasma von HeLa-Zellen. Er beschrieb diesen Vorgang als » variant pinocytosis«, die von eigentümlichen Assoziationen mit granulären Cytoplasmabestandteilen, nämlich den Mikrokinetosphären und auch sogenannten Satellitengranula begleitet ist. Bei ähnlichen derartigen Untersuchungen haben wir beobachten können, daß ganz allgemein bei Angebot hoher Serumkonzentrationen im Nährmedium bei einer größeren Reihe verschiedener in vitro gezüchteter Zellarten im Cytoplasma grobe Granula erscheinen (Gropp, 1960). Die Größe dieser Granula kann je nach Zellart verschieden sein; während sie bei HeLa-Zellen (Abb. 6) etwa bei 2–8 µ liegt, beträgt sie z. B. bei menschlichen Fibroblasten und Zellen des AFi-Stammes 5–15 µ. Seren verschiedener Herkunft (human-, bovine- and calf-serum) zeigen keinerlei Unterschiede in der Fähigkeit, in den Zellen die granulären Ablagerungen hervorzurufen. Auch eine Inaktivierung hat keinen Einfluß. Bei der phasenkontrastmikroskopischen und kinematographischen Beobachtung treten die Granula zuerst etwa 8 Stunden nach Zugabe der höheren Serumkonzentrationen in den mittleren oder inneren, kernnahen Cytoplasmazonen auf. Sie füllen dann, wenn sie sich im Laufe von 24 Stunden bis zu mehreren Tagen stark vermehrt haben, das Cytoplasma bis auf einen schmalen äußeren Saum aus (Abb. 7). Die Mitochondrien sind an der Entstehung dieser Granula nicht beteiligt.

In kinematographischen Untersuchungen zur Aufklärung der Beziehung zwischen Pinocytose und der Entstehung dieser Granula an AFi- und Walker-Tumorzellen, also Zellen von lebhafter Pinocytoseaktivität, ergab sich zunächst, daß diese Pinocytoseaktivität zu Beginn und noch im Verlauf von Tagen und Wochen des Aufenthalts der Zellen in hohen Serumkonzentrationen offenbar keine wesentlichen Veränderungen zeigt. Vor allem ließ sich bei der Verfolgung des Schicksals jeweils eines einzelnen Pinocytosetröpfchens kaum ein Anhaltspunkt dafür finden, daß eine direkte Umwandlung eines solchen Tröpfchens in ein Granulum stattfindet: während benachbart liegende Pinocytosevakuolen unverändert blieben, wurden in der Regel die groben Granula im Grundplasma zunächst schwach, dann in zunehmendem Kontrast immer deutlicher sichtbar, bis sie dann einen dunkelgrauen Kontrast erreichten. Eine Beteiligung feinster granulärer Cytoplasmaelemente bei der Entstehung der groben Granula, ähnlich wie es Rose (1957 a und b) annimmt, ließ sich mehrfach vermuten. Allerdings treten bei der Serumbehandlung der Zellen zahlreiche, an der Grenze der mikroskopischen Auflösung stehende Granula von lebhafter Beweglichkeit auf, die, wie gelegentliche Beobachtungen zeigten, sich den groben Granula anlagerten, sich dann aber auch wieder trennten. Im allgemeinen sind diese kleinsten granulären Elemente von einem sehr viel dunkleren Kontrast als die groben Granula.

Wenn sich bereits keine sicheren Beziehungen zwischen dem einzelnen Pinocytosevorgang und der Entstehung der Granula in pinocytoseaktiven Zellen ergeben, so zeigt die Untersuchung vor allem von menschlichen Fibroblasten völlige Unabhängigkeit beider Phänomene: denn in Fibroblastenkulturen beobachteten wir zahlreiche Zellen, die über mehrere Stunden keinen einzigen Pinocytosevorgang erkennen ließen, und die dennoch in derselben Zeit und in demselben Ausmaße wie die lebhaft pinocytierenden AFi-Zellen eine Entstehung durchaus gleichartiger grober Granula aufwiesen (Abb. 7a). Es dürfte sich bei diesen Granula um Speichergranula handeln: offenbar ist die Zelle, die ja bereits unter den üblichen Züchtungsbedingungen Serum in geringeren Konzentrationen bekommt, zunächst nicht in der Lage, ein höheres Serumangebot zu verarbeiten, und lagert die aufgenommenen Substanzen ab, d. h. speichert sie. Beobachtungen von Kulturen über längere Dauer ergaben, daß die Zellen bei Absetzen des hohen Serumangebots die aufgespeicherten Granula innerhalb 48–94 Stunden völlig abbauen. Auch bei Verwendung einzelner andersartiger Proteine, nämlich Ovalbumin und Laktalbumin, entstehen z. B. in Fibroblasten oder L-Zellen gleichartige Speicherungsgranula. Das wesentliche Ergebnis dieser Versuche ist, daß alle untersuchten Zellarten für die in Frage stehenden Serumproteine bzw. das Ovalbumin und Laktalbumin permeabel sind, ohne daß Beziehungen zu einer Pinocytose mikroskopischer Größenordnung bestehen.

B) Aufnahme von Trypanblau und von kolloidalem Eisen und ihre Beziehungen zur Pinocytoseaktivität

Zur weiteren Klärung der Frage, ob Beziehungen zwischen der Pinocytoseaktivität einer Zelle und der Aufnahme von Kolloiden bestehen, lassen sich Versuche heranziehen, bei denen verschieden stark pinocytierenden Zellen speicherungsfähige kolloidale Substanzen, nämlich Trypanblau und ein Eisendextrankomplex, über mehrere Tage im Züchtungsmilieu angeboten wurden. Das Ergebnis zeigt die nachstehende Tab. 2, in der links die Zellarten in der Reihenfolge ihrer durchschnittlichen Pinocytoseaktivität aufgeführt sind.

Tab. 2   Vergleich der Pinocytoseaktivität mit der Aufnahme von Kolloiden

Zellart	Pinocytose-aktivität[1]	Trypanblau-speicherung[2]	Aufnahme von koll. Eisen (Nachweis durch Berliner-Blau-Reaktion[2]
Amoebocyten (»Makrophagen«)	****	***	***
AFi	****	–	*
Walker-Tumor	****	(*)	(*)
L-Zellen	***	–	(*)
HeLa	**	–	–
H.Ep. No. 2	**	–	–
Fibroblasten	(*)	**	–

[1] **** sehr lebhafte Pinocytose
   *** lebhafte Pinocytose
    ** wechselnd starke Pinocytose
    (*) sehr spärliche Pinocytose
[2] *** sehr reichliche Speicherung
   ** reichliche Speicherung
    * gut nachweisbare Speicherung
   (*) geringe, eben noch nachweisbare Speicherung einzelner Zellen
   – keinerlei Speicherung

Aus dieser Tabelle ergibt sich, daß die Pinocytose nicht als Mechanismus für die Aufnahme der untersuchten kolloidalen Substanzen angesehen werden kann, da diese Aufnahme nicht in einer direkten Beziehung zur Pinocytoseaktivität steht, soweit es sich um Pinocytose der mikroskopischen Größenordnung handelt. Die Aufnahme ist offensichtlich ganz von der besonderen, spezifisch-selektiven Membranpermeabilität der einzelnen Zellarten abhängig.
Zur Frage der Einschleusung kolloidaler Substanzen in Tröpfchenform läßt sich ein

Modellversuch durchführen, bei dem es tatsächlich zu einer Inclusion von Tröpfchen der Milieuflüssigkeit kommen muß: nämlich auf dem Wege der Phagocytose von Erythrocytenghosts (vgl. Abschnitt II A), die bei der verwendeten Versuchsanordnung von der Milieuflüssigkeit durchtränkt sind. Der Vorgang dieser Phagocytose besitzt eine gewisse äußere, zumindest größenordnungsmäßige Ähnlichkeit mit der Pinocytose (vgl. Abb. 1a und b). Zu dem Versuch wurden Zellen eines Mäusesarkoms und menschliche Fibroblasten verwendet, die sonst kein als Siderin mit der Berliner-Blau-Reaktion nachweisbares kolloidales Eisen aufnehmen. Durch Phagocytose der Erythrocytenhüllen, die bei einer entsprechenden Durchtränkung des Milieus kolloidales Eisen enthalten, tritt nun bei den genannten Zellen im Gegensatz zu den Kontrollen, die nur kolloidales Eisen bekommen, eine Ablagerung von Siderin ein, das sich mit der Berliner-Blau-Färbung nachweisen läßt. Dieser Versuch weist darauf hin, daß eine Inclusion von Milieuflüssigkeit, wie sie hier auf dem Wege der Phagocytose erfolgt, tatsächlich zur Aufnahme einer kolloidalen Substanz führt, deren Permeation sonst in dem gleichen Ausmaße nicht möglich ist. Bei Fehlen eines solchen Vehikels (Abb. 1b), also hier der phagocytierbaren Erythrocytenghosts, hängt die Kolloidpermeation aber ganz von der besonderen Permeabilität der Plasmamembran im Sinne des aktiven Stofftransportes ab.

V. Schicksal der aufgenommenen, geformten und kolloidalen Substanzen im Cytoplasma

Bei der Phagocytose werden die aufgenommenen Partikel je nach ihrer Beschaffenheit entweder im Cytoplasma bald abgebaut, oder sie bleiben länger liegen. Phagocytierte Erythrocyten beispielsweise werden, nachdem sie durch Flüssigkeitsentzug schrumpfen, ziemlich rasch abgebaut. Das gleiche ist auch bei Bakterien der Fall. Dagegen bleiben Melaningranula über längere Zellgenerationen im Cytoplasma liegen. Auch bei Weiterzüchtung in vitro nach dem Aufbrauch alles phagocytierbaren Materials sind sie noch auffindbar, allerdings in zunehmender Verdünnung infolge ständiger Zellteilungen. Das gleiche trifft für Latex- und Quarzpartikel zu. Im Bereich der phagocytierten Teilchen lassen sich in einigen Fällen mit Hilfe färberisch-histochemischer Methoden Veränderungen nachweisen. Bei Fibroblasten, die Erythrocytenhüllen phagocytiert hatten, ist der Abbau dieser ghosts im Cytoplasma von einer stärkeren Aktivität der sauren Phosphatase begleitet, während andere hydrolytische Enzyme keine besonderen Beziehungen zu dieser Phagocytose aufweisen (GROPP und Mitarb., 1957). Aber auch die saure Phosphatase bleibt an den gleichen Fibroblasten bei der Phagocytose anderer Partikel, nämlich Melaningranula, Latex- und Quarzpartikel, unbeteiligt. Der PAS-Reaktion kommt bei der Verfolgung des Schicksals von phagocytierten Partikeln im Cytoplasma eine große Bedeutung zu. Mit dieser Reaktion kann man an phagocytierten Melaningranula, Erythrocytenghosts und in einzelnen Fällen auch an phagocytierten Bakterien bereits innerhalb von 24 Stunden eine positive Reaktion finden. Im Unterschied dazu tritt an phagocytierten Latex- und Quarzpartikeln an den in vitro gezüchteten Zellen zumindest in einem Beobachtungszeitraum von 9 Tagen keine positive PAS-Reaktion auf.
An phagocytierten Melaningranula wurde die Entstehung und das Verhalten der PAS-Substanz genauer untersucht. Die einzelnen Zellarten verhalten sich diesbezüglich etwas unterschiedlich. In phagocytierenden Walker-Tumorzellen ist eine PAS-Substanz nur

in mäßiger Menge vorhanden, in menschlichen Fibroblasten, HeLa- und H.Ep.-No. 2-Zellen reichlich, in den Zellen des L-Stammes sogar sehr reichlich. In den L-Zellen ist die positive PAS-Reaktion an den phagocytierten Melaningranula bereits 24 Stunden nach Versuchsbeginn sehr deutlich (Abb. 8a); sie vermehrt sich bei der weiteren Phagocytose in den folgenden 2–4 Tagen, ohne dann weiter zuzunehmen. Diese Vermehrung der PAS-Substanz läßt sich auch an der einzelnen Zelle verfolgen: die noch außerhalb der Zellen befindlichen Granula zeigen nur die blaßbraune Eigenfarbe des Melanins, ebenso die gerade erst phagocytierten Granula an der äußersten Zellperipherie. Mit zunehmender Verlagerung in Kernnähe verstärkt sich der Ausfall der PAS-Reaktion, so daß die am frühesten phagocytierten, perinucleär gelegenen Partikel am intensivsten gefärbt sind (Abb. 8a). Die Analyse zur Spezifität dieser PAS-Reaktion mit Hilfe der Acetylierung und Desacetylierung sowie nach Diastasebehandlung, sodann der Ausfall der Alcianblau- und Toluidinblau-Färbung lassen vermuten, daß die färbbare Substanz ein neutrales Mucopolysaccharid bzw. Muco- oder Glykoproteid darstellt.

Es zeigte sich eine merkwürdige Abhängigkeit der Entstehung der PAS-Substanz an den phagocytierten Partikeln vom Glukosegehalt des Nährmediums. Wird Melanin-phagocytierenden L- oder HeLa-Zellen im Nährmedium Glukose in einer Konzentration von 1% oder 2% gegenüber einer normalen Konzentration von 0,1% angeboten, so ist bei unveränderter Phagocytoseleistung keine oder nur wenig PAS-positive Substanz nachweisbar (Abb. 8b).

Die Granula, die bei der Aufnahme und der Speicherung von Serumproteinen im Cytoplasma entstehen (Abschnitt IV A), weisen ebenfalls eine positive PAS-Reaktion auf (GROPP, 1960), die an allen untersuchten Zellarten sehr deutlich ist (Abb. 7a und b). Diese Reaktion beruht nach dem Ergebnis der entsprechenden Kontrollreaktionen, der fehlenden Alcianblau- und Thioninfärbbarkeit sowie auf Grund der Prüfung der Basophilie ebenfalls auf einem Gehalt der Granula an neutralen Mucopolysacchariden bzw. Muco- oder Glykoproteiden. Es handelt sich also hier möglicherweise um die gleiche PAS-positive Substanz, wie sie bei der Phagocytose der Melaningranula auftritt. Es läßt sich allerdings zeigen, daß – im Gegensatz zu der PAS-Reaktion an Melaningranula – eine positive PAS-Färbereaktion an den Serumspeichergranula auch besteht, wenn den Zellen im Nährmedium vermehrt Glukose angeboten worden war. Es ist hervorzuheben, daß mit histochemischen Methoden an diesen Speichergranula keine saure Phosphatase nachweisbar ist.

Es könnte daran gedacht werden, daß das Auftreten der PAS-positiven Substanz an den Speichergranula bei der Aufnahme von Serumproteinen auf den Polysaccharidreichtum einzelner Serumfraktionen zurückgeht. Die Tatsache, daß die PAS-Reaktion erst eine gewisse Zeit nach der im Phasenkontrastmikroskop bereits sichtbaren Ausbildung der Granula positiv wird, macht die Rückführung dieser besonderen Färbbarkeit auf eine einfache Konzentration solcher Polysaccharide unwahrscheinlich. Aus dem Vorkommen der ganz ähnlichen PAS-positiven Substanz an proteinhaltigen phagocytierten Partikeln läßt sich eher darauf schließen, daß die PAS-Reaktion sowohl dort wie an den Speichergranula erst bei der mit einem Abbau verbundenen Aufschließung von Proteinen auftritt. Sie ist an eine Substanz gebunden, die wohl im Sinne einer reaktiven zelleigenen Leistung gebildet wird. Insofern trift für diese PAS-positive Substanz die Bezeichnung einer Hüll-Substanz (HÜBNER, 1960) zu.

WEISSENFELS (1962 a und b) hat ähnliche Proteinspeichergranula in Hühnerherz-myeloblasten sowohl mit histochemischen Methoden wie elektronenmikroskopisch untersucht. Auch er fand eine positive PAS-Reaktion und daneben auch einen Gehalt an Esterphosphatiden. Unter Verwendung einer verfeinerten Methode erbrachte er den Nachweis der Lokalisation von saurer Phosphatase an den Granula (WEISSENFELS, 1957).

Submikroskopisch handelte es sich um Granula, die eine einfache Membran und im Inneren zum Teil ein lamelläres System besaßen, ganz ähnlich den »inclusion bodies«, die KARRER (1960) bei der Phagocytose beobachtete. WEISSENFELS bezeichnete diese Granula als Cytosomen (LINDNER, 1957; SCHULZ, 1958). Auf Grund ihrer eigentümlichen submikroskopischen Struktur handelt es sich hierbei zweifellos um Granula von der gleichen Art, wie sie TANAKA (1961) als Segrosomen beschrieb und wie sie NOVIKOFF (1961) als Lysosomen (de DUVE et al., 1955) auffaßte. Nach NOVIKOFF sind die Lysosomen Körperchen, die bei der Phagocytose und der Pinocytose als Organzellen der intrazellulären Verarbeitung aufgenommener Substanzen aus dem Membransystem der »Cytose«-Vakuolen entstehen. Sie sind insbesondere durch ihren Gehalt an saurer Phosphatase ausgezeichnet. Eine Gemeinsamkeit dieser als Cytosomen, Segrosomen und Lysosomen bezeichneten cytoplasmatischen Granula ergibt sich auch daraus, daß TANAKA an den Segrosomen eine PAS-positive Reaktion fand, und auch NOVIKOFF (1961; NOVIKOFF et al., 1960) darauf hinweist, daß die Lysosomen oft PAS-positiv seien. Es läßt sich aus diesen Gemeinsamkeiten schließen, daß es sich hierbei um die gleichen Strukturen handelt, die im Cytoplasma dann entstehen, wenn an phagocytierten Partikeln (KARRER, 1960) oder aufgenommenen und gespeicherten Makromolekülen, z. B. Proteinen, eine unmittelbare Verarbeitung und ein unmittelbarer Abbau nicht möglich sind, wenn also im Cytoplasma Resorptionsleistungen komplizierterer Art notwendig sind. Derartige Strukturen sind daher wohl resorptiv bedingt und entstehen einerseits durch Veränderung der aufgenommenen Substanzen, andererseits durch eine besondere Reaktion des umgebenden Cytoplasmas, wofür die positive PAS-Reaktion spricht. Es bleibt eine Frage der Terminologie, ob solche Strukturen dann als Cytosomen, Segrosomen oder Lysosomen bezeichnet werden. Zweifellos hat sich der Begriff der *Lysosomen* bzw. *Cytolysosomen* (NOVIKOFF und ESSNER, 1962) am besten eingebürgert.

VI. Diskussion und Schlußfolgerung

A) Phagocytose

Bei der Phagocytose, der Kolloidpermeation und der Pinocytose handelt es sich um einen aktiven Stofftransport in die Zelle. Seine Kennzeichen bestehen nach G. C. HIRSCH (1955) darin, daß das Zellplasma in diesen Transport aktiv eingreift, nämlich
a) durch die physikalisch-chemische Struktur der Zellmembran und
b) durch die Bindung und Verwertung des permeierten Stoffes innerhalb der Zelle.
Es ergab sich, daß in vitro gezüchtete Zellen ganz allgemein und unterschiedlos zur *Phagocytose* befähigt sind. Dies gilt auch für Fibroblasten, die ihre morphologischen Eigentümlichkeiten bei der Phagocytose beibehalten, ohne sich zu »Makrophagen« umzuwandeln (GROPP und HUPE, 1956; BLÜMCKE und Mitarb., 1967).
Das tatsächliche Ausmaß der Phagocytose hängt in erster Linie von dem Angebot phagocytierbarer Partikel in dem einer Zelle zustehenden »Phagocytoseareal« ab. Soweit sich der Vorgang der Phagocytose an lebenden Zellen analysieren läßt, erfolgt die Einverleibung eines bestimmten Partikels in das Cytoplasma durch einfaches Umfließen. Der Prozeß entspricht nach den elektronenmikroskopischen Beobachtungen, u. a. von FELIX und DALTON (1956) an phagocytierenden Makrophagen, oder z. B. denjenigen von OVERMAN (1961) bei der Phagocytose von Latex-Granula durch Hühnerfibroblasten,

einer Invagination einer in das Cytoplasma einsinkenden Partikel. Dabei bleibt sie noch von einem Bläschen umgeben, dessen Wand aus der invaginierenden Plasmamembran gebildet wird. Eine Kontinuitätstrennung der Plasmamembran tritt also dabei nicht ein. Unter den Bedingungen der Beobachtung lebender Zellen im Phasenkontrastmikroskop läßt sich allerdings eine derartige Membranumhüllung des phagocytierten Teilchens nicht nachweisen, da hierfür die Auflösung nicht ausreicht.

Bemerkenswert bleibt in erster Linie, daß die Zelle gegenüber gröberen Partikeln verschiedener stofflicher Art offenbar kein Auswahlvermögen besitzt. Sie kann diese auch in großer Zahl in ihr Cytoplasma aufnehmen, ohne daß wesentliche Zellschädigungen eintreten. Zellen, deren Cytoplasma mit Melaningranula, Latex- und Quarzteilchen oder in Abbau befindlichen Erythrocytenhüllen vollgepfropft ist, zeigen normale Zellteilungen, wobei das phagocytierte Material auf die beiden Tochterzellen etwa gleichmäßig verteilt wird. Es läßt sich vermuten, daß die rasche Entstehung einer durch ihre positive PAS-Reaktion gekennzeichneten Hüllsubstanz um gewisse phagocytierte Teilchen in diesem Zusammenhang zu sehen ist: sie dürfte eine Bedeutung für die Neutralisierung und Unschädlichmachung eines aufgenommenen Stoffteilchens besitzen, also eine Art Abwehrleistung des Cytoplasmas darstellen. Dafür spricht, daß wir eine solche PAS-positive Substanz bei der Aufnahme von Partikeln, wie Melaningranula und Bakterien, finden, die durch ihre Eiweißnatur im Cytoplasma eine unmittelbare Schädigung hervorrufen könnten. Wenn dagegen um phagocytierte Latex- oder Quarzpartikel, wenigstens innerhalb eines neuntägigen Beobachtungszeitraums, keine derartige Substanz gebildet wird, so dürfte hierfür die geringe Schädlichkeit dieser Partikel die Ursache sein. Über einen längeren Zeitraum freilich geben Quarzteilchen doch soviel freie Kieselsäure ab, daß auch durch sie eine Zellschädigung erfolgen würde. Tatsächlich konnten GEDIGK und PIOCH (1956) nachweisen, daß in quarzspeichernden Zellen von Fremdkörpergranulomen nach Ablauf mehrerer Monate eine PAS-positive organische Grundsubstanz offenbar im Sinne einer zellulären, reaktiven Leistung zur Unschädlichmachung der Quarzteilchen entsteht.

Ob die an Zellen in vitro um phagocytierte Partikel vorhandene PAS-positive Hüllsubstanz auch eine Bedeutung für deren Abbau besitzt, läßt sich nicht sicher entscheiden. Nach Befunden an phagocytierten Bakterien könnte dies zutreffen. An Melaningranula waren jedoch auch bei reichlicher Bildung PAS-positiver Substanz keine Abbauvorgänge nachweisbar. Andererseits zeigen die Speichergranula bei der Aufnahme von Serumproteinen eine ganz ähnliche PAS-positive Grundsubstanz, die sich von der vorgenannten durch ihre Unabhängigkeit vom Glukosespiegel des Nährmediums unterscheidet. An diesen Granula laufen sicher auch digestive Abbauvorgänge ab, so daß hier die PAS-positive Substanz als reaktive Zelleistung sowohl im Dienste der Unschädlichmachung der gespeicherten Proteine wie im Dienst ihres Abbaus stehen könnte. Die PAS-positive Hüllsubstanz und die PAS-positiven Granula lassen sich mit den Zellstrukturen gleichsetzen, die als Lysosomen (NOVIKOFF, 1961) oder Cytolysosomen (NOVIKOFF und ESSNER, 1962) bezeichnet werden. Da es sich um sekundäre Strukturen cytoplasmatischer Verdauung im Sinne der »autophagic vacuoles« (DE DUVE, 1963; HOLTZMAN und NOVIKOFF, 1965) handeln dürfte, ist ihre Abtrennung als sekundäre Lysosomen von primären lysosomalen Zellstrukturen (vgl. SCHWARZ, 1966) gerechtfertigt. Die letzteren gehören ihrer Herkunft nach dem Golgi-Apparat an und enthalten Hydrolasen, die sie den Selbstverdauungsgranula, also den sekundären lysosomalen Strukturen übertragen können. An resorptiv bedingten granulären Strukturen, nämlich an Proteinspeicher-Granula in Hühnerherzmyoblasten, ähnlich denen, die im Vorstehenden besprochen wurden, hat WEISSENFELS (1967) in einer elektronenmikroskopischen Untersuchung die Verhältnisse der Übertragung der sauren Phosphatase und

ihre Lokalisation untersucht. Gleichartige Beobachtungen machten HOLTZMAN und
NOVIKOFF (1965) bei der Phagocytose von Myelinfragmenten, die zu intracytoplasmatischen phagocytären Resorptionsgranula im Sinne sekundärer Lysosomen führt. Auch
an diesen Granula ist saure Phosphatase nachweisbar.

B) Pinocytose

Die vorstehenden Erörterungen zur Frage der Lysosomen bzw. Cytolysosomen und
ihrer cytochemischen Merkmale treffen in einem gewissen Ausmaß auch für die Pinocytose zu. Es läßt sich sogar durchaus vermuten, daß die von ROSE (1957 a und b) beschriebenen Mikrokinetosphären den primären Cytosomalen Zellstrukturen entsprechen.
Die *Pinocytose* ist jedoch ihrem Ablauf nach in mehrfacher Hinsicht von der Phagocytose
verschieden. Auch sie stellt ein allgemeines Phänomen an in vitro gezüchteten Zellen
dar, obwohl sie bei einzelnen Zellarten in sehr unterschiedlicher Stärke vorkommt. Sie
ist immer von begleitenden Undulationen des Randsaums des Cytoplasmas gekenn-
zeichnet. Das ist wohl auch der Grund, warum bei vielen Beobachtern die Vorstellung
einer Inclusion von Milieutröpfchen entstand. Diese Vorstellung kann nicht zutreffen,
wie sich aus den fehlenden Beziehungen zwischen der Aufnahme kolloidaler Substanzen
und der Pinocytoseaktivität ergab. Das Gleiche zeigt der Versuch zur Einschleusung
von kolloidalem Eisen in phagocytierenden Zellen bei der Phagocytose von Erythrocytenhüllen (Abschnitt IV), wobei dieser Versuch insofern eine Art Gegenbeweis erbrachte, als nämlich eine bestimmte kolloidale Substanz sehr wohl in eine Zelle ein-
geführt werden kann, wenn eine echte Tropfeninclusion vorliegt.
Wie also haben wir uns an den in vitro gezüchteten Zellen den im Phasenkontrastmikroskop sichtbaren Pinocytosevorgang vorzustellen, und welche Bedeutung hat er für
die Stoffaufnahme? Welche Beziehungen bestehen zwischen der Pinocytose mikroskopischer Größenordnung und der Pinocytose submikroskopischer Größenordnung?
Besonders PALADE (1953, 1956) brachte die submikroskopische vesikuläre Aufnahme
von Flüssigkeit an der Plasmamembran in Verbindung mit der von W. H. LEWIS (1931)
beschriebenen Pinocytose. In der Folge hat sich vielfach eine Gleichsetzung dieser
beiden Prozesse schon durch die Verwendung der Bezeichnung Pinocytose auch für
diese Membranvesikulation eingebürgert. Dies geschah, obwohl BENNETT (1956) durch
seine Vorstellung des »Membranflusses« (membrane flow) das Wesen der submikroskopischen Membranvesikulation als Vorgang herausstellte, der eine Spezifität von
molekularen Bindungsgruppen an der Plasmamembran und damit die Selektivität eines
aktiven Transportmechanismus voraussetzt. Nach BENNETT werden durch spezifische
Bindung an die Plasmamembran fixierte Ionen, Moleküle oder makromolekulare
Aggregate durch ein Einsinken oder Einfließen der betreffenden Membranbezirke in das
Plasmainnere verlagert. In der Tiefe des Membranschlauches schnüren sich dann Mem-
branbläschen, welche die adsorbierten Partikel zusammen mit der Lösungsflüssigkeit
einschließen, ab und werden im Cytoplasma möglicherweise an das sogenannte endo-
plasmatische Reticulum (PALADE) herangeführt. Dort erfolgt dann die endgültige Stoff-
resorption durch die zunächst noch erhaltene Membran und die Stoffverarbeitung. Der
Prozeß des vesikulären Stofftransportes vollzieht sich in beiden Richtungen, also aus
dem Milieu in das Cytoplasma und umgekehrt. Er kann auch, wie an Endothelzellen
nachgewiesen wurde (PALADE, 1956), als Transitmechanismus von einer Oberfläche der
Zelle zur andern dienen; dieser Vorgang wird als Cytopempsis bezeichnet.
Mit der Vorstellung des Membranflusses und der Membranvesikulation ergibt sich für
die Zelle die Möglichkeit eines *Stoffaustausches großen Stils* und einer Stoffaufnahme »in
bulk« (BENNETT, 1960) oder »in gulps« (NOVIKOFF, 1961), und zwar unter Aufrecht-

erhaltung der spezifischen Permeabilitätseigenschaften der Zelle im Rahmen des aktiven Stofftransportes.

Diese Membranvesikulation wird in Analogie zur Beobachtung der Pinocytose von Lewis (1931) vielfach als Mikropinocytose bezeichnet (vgl. Palay und Karlin, 1959; Novikoff, 1961; Policard und Bessis 1962). Ihr ubiquitäres Vorkommen an Protozoen bis zu den Zellen im Warmblütlerorganismus ergaben, wie bereits eingangs erwähnt, zahlreiche elektronenmikroskopische Untersuchungen. In dieser Mikropinocytose möchten wir den eigentlichen Stoff- und Flüssigkeits-Aufnahmemechanismus sehen, der sowohl der Kolloidpermeation wie der lichtmikroskopisch erkennbaren Pinocytose zugrunde liegt. Es erscheint möglich, anzunehmen, daß die im Phasenkontrastmikroskop für die Pinocytose kennzeichnenden Flüssigkeitströpfchen im Cytoplasma der lebenden Zelle erst unter der Plasmamembran entstehen, etwa durch einen Entmischungsvorgang innerhalb eines stark flüssigkeitsdurchtränkten Cytoplasmabezirks. Eine solche Flüssigkeitsdurchtränkung wäre als Folge einer lokal gesteigerten bzw. übersteigerten Aufnahme von Flüssigkeit denkbar, wobei die lebhaft undulierenden Bewegungen der Plasmamembran am Zellsaum eine bedeutende Rolle spielen dürften. Diese Undulationen bedingen wahrscheinlich eine örtlich übersteigerte Membranvesikulation bzw. Mikropinocytose, deren Voraussetzung offenbar in der Oberflächenvergrößerung (Pease, 1956) und der strukturellen Dynamik liegt, die diese Membranundulationen (Gropp und Hellweg, 1959) kennzeichnet. An manchen Zellen, wie z. B. den in vitro gering pinocytierenden Fibroblasten, wird wohl die evtl. vorhandene Membranvesikulation ohne lokale Übersteigerung in gleichmäßigerer Verteilung über die ganze Zelloberfläche stattfinden.

Damit ergibt sich für die Pinocytose, wie sie an in vitro gezüchteten Zellen im Phasenkontrastmikroskop beobachtet wird, eine Vorstellung, die eine befriedigende Erklärung dafür enthält, daß auch bei lebhaftester Pinocytose die spezifische Membranbarriere der Zelle erhalten bleibt.

C) Schlußfolgerung

Die hier diskutierte Auffassung von Phagocytose und Pinocytose ist in dem Schema der Abb. 9 zusammengefaßt. Phagocytose und Pinocytose, soweit wir sie im mikroskopischen Bereich beobachten, sind insofern verschiedene Stoffaufnahmephänomene, als die Phagocytose übereinkunftsgemäß durch die mikroskopische Sichtbarkeit der phagocytierten Partikel ($>$ 1000 Å) definiert (G. C. Hirsch, 1955) ist. Wenn wir in der Größe der Partikel bis zu den Makromolekülen bzw. kolloidalen Substanzen absteigen (10 bis 1000 Å), bezeichnen wir deren Aufnahme in die Zelle mit Hirsch als Kolloidpermeation, die sich in Analogie zur Mikropinocytose dann als Mikrophagocytose auffassen ließe. In diesem Größenbereich ist aber eine Unterscheidung einer Mikropinocytose und einer Mikrophagocytose deswegen hinfällig, weil hier sowohl für Ionen und Moleküle als auch für Makromoleküle die Gesetze der spezifischen Membranadsorption und des selektiven, aktiven Stofftransportes gelten. In dieser Hinsicht ist es interessant, daß Ryser et al. (1962) in elektronenmikroskopischen Untersuchungen an Tumorzellen eine unterschiedliche Aufnahme von Ferritinmolekülen und von Partikeln von kolloidalem Gold haben feststellen können, obwohl es sich um Partikel etwa gleicher Größe handelt. Der von der Größenordnung und der Sichtbarkeit der phagocytierten Partikel im Lichtmikroskop ausgehenden Definition der Phagocytose ist als wesentlichstes Merkmal hinzuzufügen, daß zum Unterschied von der Pinocytose bzw. der Mikropinocytose und Mikrophagocytose (Kolloidpermeation) bei der Phagocytose ein selektiver Auswahlmechanismus der Plasmamembran fehlt. Pinocytose, Mikro-(phago-)pinocytose und

Phagocytose sind sicher nur besondere Formen eines allgemeineren Mechanismus der diskontinuierlichen Stoffaufnahme, der mit sichtbaren morphologischen Veränderungen der Strukturelemente der Plasmamembran und des Cytoplasmas verbunden ist. Da jedoch diese Phänomene – worauf auch POLICARD und BESSIS (1962) hinweisen – im einzelnen sichere Verschiedenheit aufweisen, ist ihre begriffliche Trennung notwendig und ein Verwischen der scharfen Unterscheidungsmerkmale unzweckmäßig.

Literaturverzeichnis

BARLAND, P., A.B. NOVIKOFF and D. HAMERMAN, J. Cell. Biol. **14**, 207 (1962).

BENNETT, H. ST., a) J. Biophys. Biochem. Cytol. **2**, Suppl., pag. 99 (1956). – b) Rept. 10ᴘ Congr. Intern. Biol. Cellulaire, Paris 1960.

BESSIS, M.C., and J. BRETON–GORIUS, J. Biophys. Biochem. Cytol. **3**, 503 (1957).

BLÜMCKE, S., J. RODE und H.R. NIEDORF, Beitr. path. Anat. **135**, 213 (1967).

BRANDT, P.W., Exptl. Cell. Res. **15**, 300 (1958).

DE DUVE, C., The Lysosome concept. In: CIBA-Foundation Symp. on Lysosomes, pagg. 1–35, J. & A. Churchill, London 1963.

DE DUVE, C., B.C. PRESSMANN, R. GIANETTO, R. WATTIAUX and F. APPLEMANS, Biochem. J. **60**, 604 (1955).

DE TERRA, N., and R.C. RUSTAD, Exptl. Cell Res. **17**, 191 (1959).

FELIX, M.D., and A.J. DALTON, J. Biophys. Biochem. Cytol. **2**, Suppl., pag. 109 (1956).

FISCHER, A., und H. LASER, Arch. exptl. Zellforsch. **3**, 363 (1927).

GEDIGK, P., und W. PIOCH, Arch. path. Anat. Physiol. Virchow's **328**, 513 (1956).

GEY, G.O., Harvey Lectures Ser. **50**, 154 (1955).

GEY, G.O., P. SHAPRAS, and F.B. BANG, »Symposium on Fine Structure of Cells«, 8th Congr. Cell. Biol., Leiden, Netherlands (1954 a).

GEY, G.O., P. SHAPRAS, and E. BORYSKO, Ann. N.Y. Acad. Sci. **58**, 1089 (1954 b).

GEY, G.O., F.B. BANG, and M.K. GEY, Texas Repts. Biol. Med. **12**, 805 (1954 c).

GROPP, A., Verh. Dsch. Ges. Path. **44**. Tagung, 220 (1960).

GROPP, A., und H.R. HELLWEG, Z. Zellforsch. u. mikroskop. Anat. **50**, 315 (1959).

GROPP, A., und K. HUPE, Z. Krebsforsch. **61**, 263 (1956).

GROPP, A., E. BONTKE, und K. HUPE, Z. Krebsforsch. **62**, 170 (1957).

GUTTES, E., and S. GUTTES, Exptl. Cell Res. **20**, 239 (1960).

HIRSCH, G.C., In: Handbuch der allgemeinen Pathologie (F. Büchner, E. Letterer und F. Roulets, eds.), Vol. II, Part. 1, p. 92, Springer, Berlin 1955.

HOLTER, H., Ann. N.Y. Acad. Sci. **78**, 524 (1959 a).

HOLTER, H., Int. Rev. Cytol. **8**, 481 (1959 b).

HOLTER, H., and H. HOLTZER, Exptl. Cell. Res. **18**, 421 (1959).

HOLTER, H., and J.M. MARSHALL, Compt. rend. trav. lab. Carlsberg Sér. chir. **29**, 7 (1954).

HOLTZMANN, E., and A.B. NOVIKOFF, J. Cell. Biol. **27**, 651 (1965).

HÜBNER, G., Arch. path. Anat. Physiol. Virchow's **333**, 29 (1960).

KARRER, H.E., J. Biophys. Biochem. Cytol. **7**, 357 (1960).

KISCH, B., Exptl. Med. Surg. **18**, 182 (1960).

KLATZKO, J., and J. MIQUEL, J. Neuropathol. Exptl. Neurol. **19**, 475 (1960).

LEFEVRE, P.G., Active transport through animal cell membranes. In: Protoplasmatologia (M. Alfert, H. Bauer, and C.V. Harding, eds.), Vol. III, Part 7, Springer, Vienna 1955.

LEWIS, W.H., Bull. Johns Hopkins Hosp. **49**, 17 (1931).

LEWIS, W.H., Am. J. Cancer **29**, 666 (1937).

LINDNER, E., Beitr. path. Anat. u. allg. Path. **117**, 1 (1957 a).

LINDNER, E., Z. Zellforsch. u. mikroskop. Anat. **45**, 702 (1957 b).

MASSHOFF, W., W. HEINZEL, G. D. VON ROM, und M. SIESS, Klin. Wschr. **26**, 397 (1948).

MAST, S.O., and W.I. DOYLE, Protoplasma **20**, 555 (1934).

METSCHNIKOFF, E., Arch. path. Anat. Physiol. Virchow's **96**, 177 (1884).

»MURPHY, Q. R., ed., Metabolic Aspects of Transport Across Cell Membranes«, Univ. of Wisconsin Press, Madison, Wisconsin 1957.

NOVIKOFF, A.B., In: The Cell (J. Brachet and A.E. Mirsky, eds.), Vol. II, pp. 423–488, Academic Press, New York (1961).

NOVIKOFF, A.B., and E. ESSNER, J. Cell Biol. **15**, 140 (1962).

NOVIKOFF, A.B., B. RUNLING, J. DRUCKER, and S.E. KAPLAN, J. Histochem. Cytochem. **8**, 319 (1960).

ODOR, L., J. Biophys. Biochem. Cytol. **2**, Suppl., p. 105 (1956).

OVERMAN, J.R., Proc. Soc. Exptl. Biol. Med. **107**, 895 (1961).

PALADE, G.E., J. Appl. Phys. **24**, 1424 (1953).

PALADE, G.E., J. Biophys. Biochem. Cytol. **2**, Suppl., p. 85 (1956).

PALAY, S.L., and L. J. KARLIN, J. Biophys. Biochem. Cytol. **5**, 373 (1959).

PEASE, D.C., J. Biophys. Biochem. Cytol. **2**, Suppl., p. 203 (1956).

POLICARD, A., and M. BESSIS, Rev. hématol. **14**, 487 (1959).

POLICARD, A., and M. BESSIS, Nature **194**, 110 (1962).

ROSE, G.G., Texas Repts. Biol. Med. **15**, 313 (1957 a).

ROSE, G.G., J. Biophys. Biochem. Cytol. **3**, 697 (1957 b).

ROSE, G.G., Cancer Res. **18**, 411 (1958).

RYSER, H., J.B. CAULFIELD, and J.C. AUB, J. Cell Biol. **14**, 255 (1962).

SANDERS, E., and C.T. ASHWORTH, Exptl. Cell Res. **22**, 137 (1961).

SCHULZ, H., Beitr. path. Anat. u. allg. Path. **119**, 71 (1958).

SCHWARZ, W., Z. Zellforsch. **73**, 27 (1966).

TANAKA, H., Ann. Rept. Inst. Virus Res. Kyoto Univ. **4**, 118–152 (1961).

WEISSENFELS, N., Protoplasma **54**, 328 (1962 a).

WEISSENFELS, N., Protoplasma **54**, 540 (1962 b).

WEISSENFELS, N., Histochemie **9**, 189 (1967).

WITTEKIND, D., Naturwiss. **50**, 270 (1963).

WOHLFART–BOTTERMANN, K.E., Protoplasma **52**, 58 (1960).

WRBA, H., Klin. Wschr. **38**, 406 (1960).

Abbildungsanhang

24

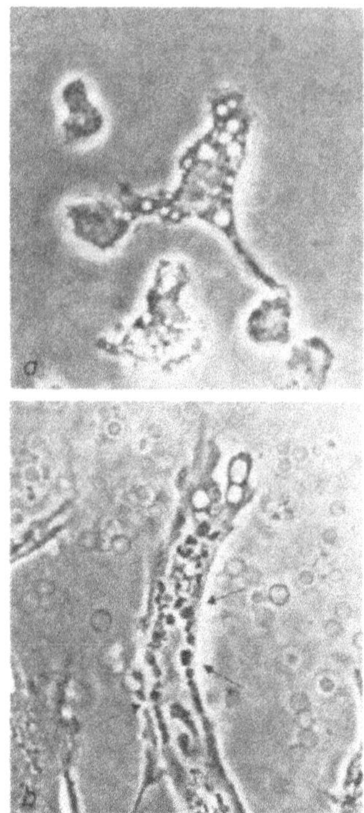

Abb. 1a und b   Stoffaufnahme in Zellen in vitro. – Phasenkontrast
  a) Amöboider »Makrophage« (Amöbocyt) aus einer Kultur menschlicher
     fetaler Milz. Lebhafte Flüssigkeitsaufnahme – Pinocytose.
  b) Lebhafte Phagocytose von Erythrocyten-»Ghosts« in der Peripherie des
     Cytoplasmafortsatzes eines menschlichen Fibroblasten. Die Erythrocyten-
     hüllen enthalten zunächst noch Milieuflüssigkeit. Die Pfeile zeigen auf
     bereits geschrumpfte »Ghosts«. – Vergr. 550×.

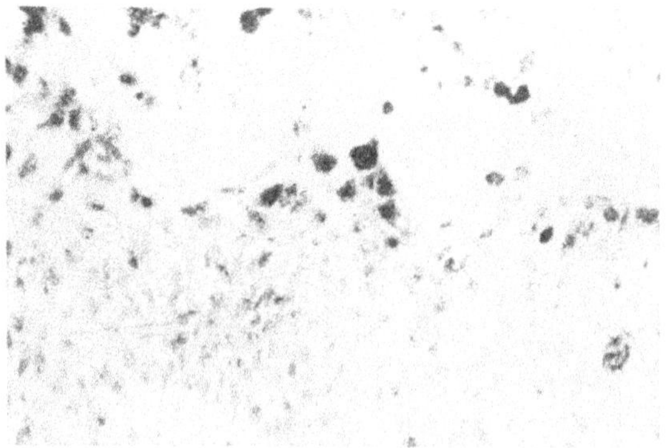

Abb. 2   Menschliche Fibroblasten-Kultur im »hängenden Tropfen«. Phagocytose von Me-
         laningranula am peripheren Zellensaum; noch weiter außerhalb Melaningranula im
         Züchtungsmilieu verstreut. – Färbung nach May–Grünwald. – Vergr. 140×.

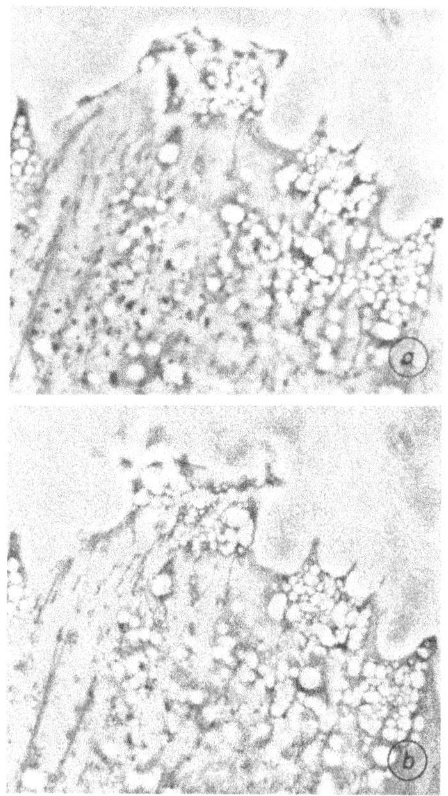

Abb. 3a und b Peripherer Ausschnitt einer menschlichen Sarkomzelle; Stamm AFi; Phasenkontrast. – Lebhafte Pinocytose, von starker Membranundulation begleitet;
a $\xrightarrow{\text{1 min}}$ b. – Vergr. 650×.

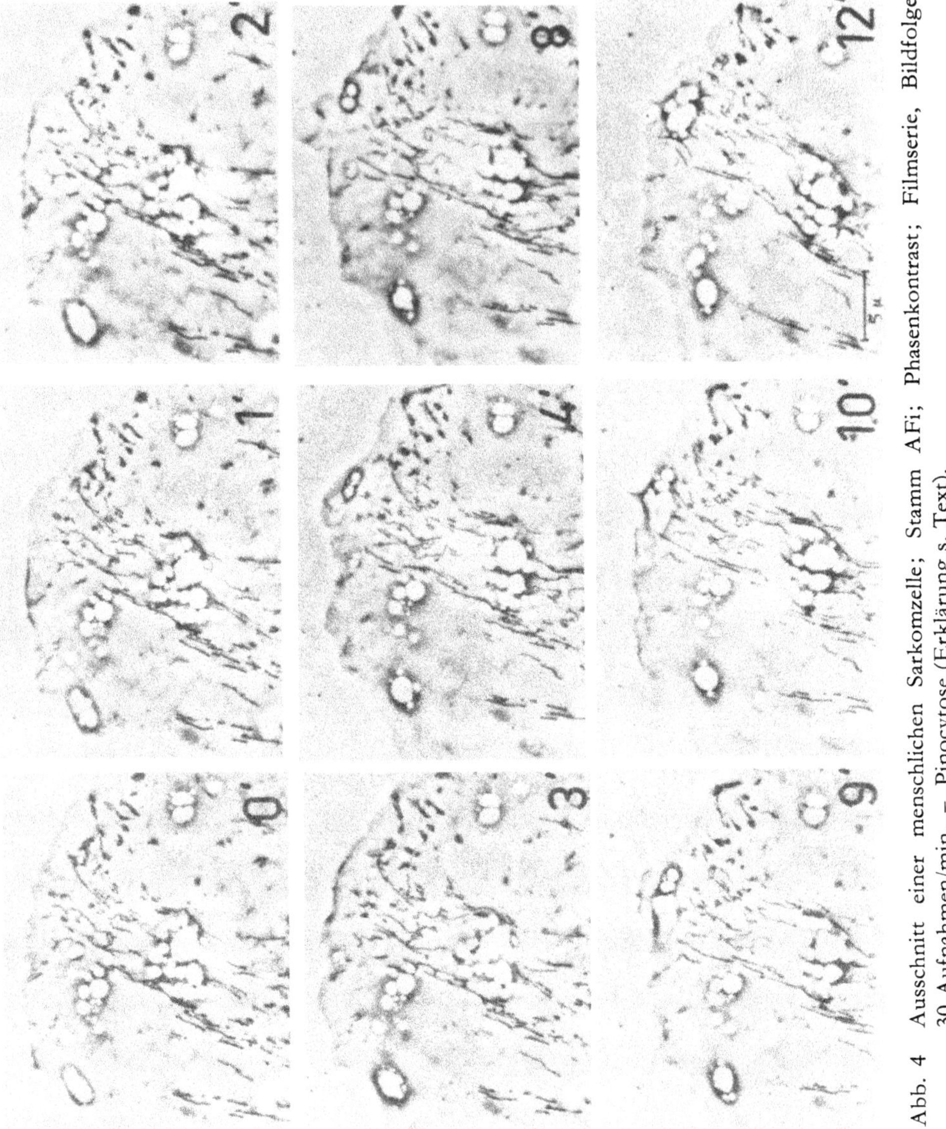

Abb. 4 Ausschnitt einer menschlichen Sarkomzelle; Stamm AFi; Phasenkontrast; Filmserie, Bildfolge 30 Aufnahmen/min. – Pinocytose (Erklärung s. Text).

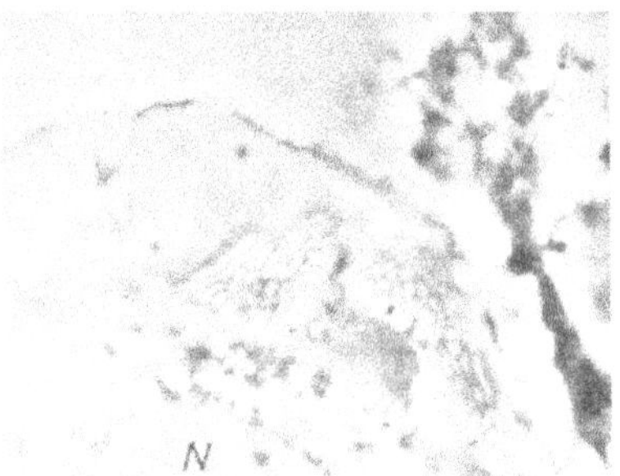

Abb. 5   Ausschnitt einer HeLa-Zelle, Phasenkontrast. Band- und mäanderartige Entmischungs-
zone perinucleär (N-Zellkern). 3 Stunden nach Zugabe von ATB 3 mg/ml zur Kultur. –
Vergr. 800×.

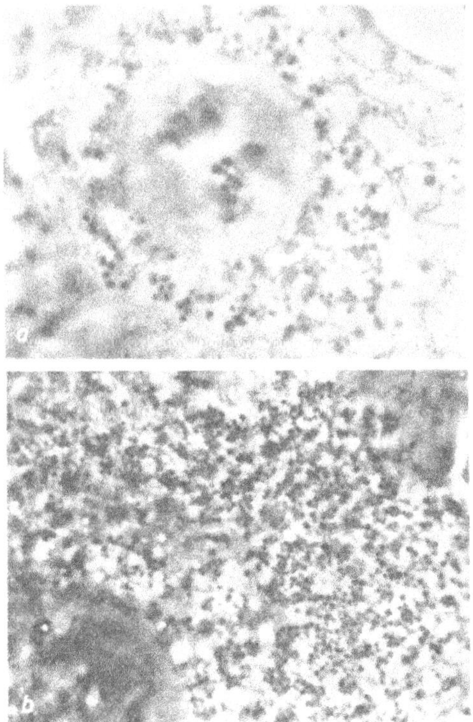

Abb. 6a und b   HeLa-Zelle, lebend; Phasenkontrast
a) 16 Stunden,
b) 40 Stunden nach Gabe von 80% Kälberserum im Züchtungsmilieu. –
Auftreten und Vermehrung kontrastreicher grober Granula im Cytoplasma; dazwischen fädige Mitochondrien. – Vergr. a) 750×, b) 1150×.

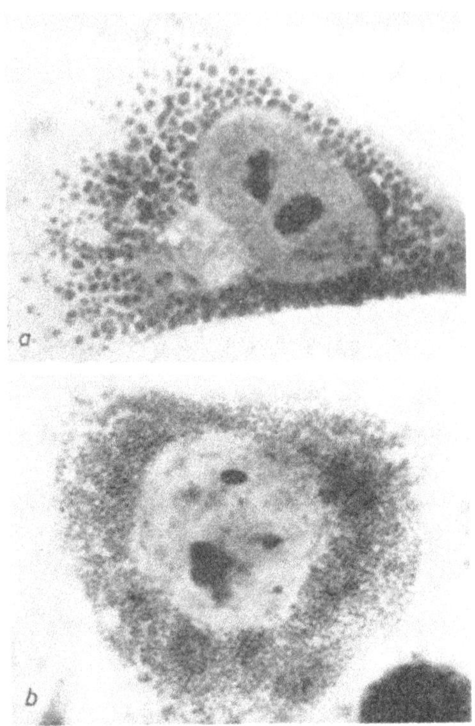

Abb. 7a und b   a) Menschlicher Fibroblast.
  b) L-Zelle, jeweils 48 Stunden nach Zugabe von 80% Kälberserum zum
     Kulturmedium. – PAS-Färbung.

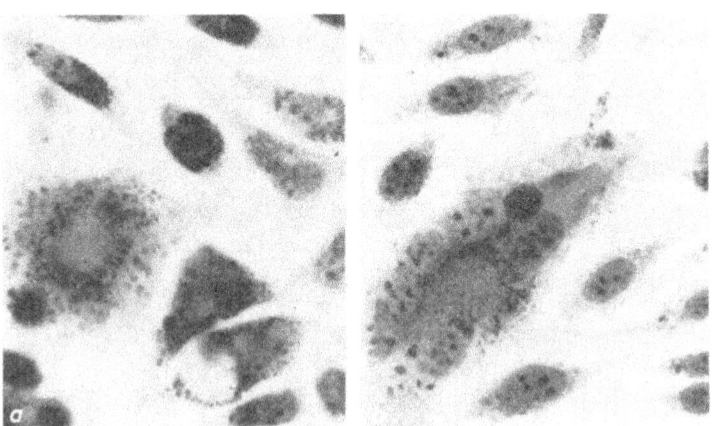

Abb. 8a und b   Stamm L-Zellen; Phagocytose 24 Stunden nach Zugabe von Melaningranula.
  a) Kultur mit normalem Glucosegehalt des Nährmediums.
  b) Kultur mit Zusatz von Glucose zum Nährmedium (Konz. 2%). a) und
     b) PAS-Färbung: in a) sind die phagocytierten Granula PAS-positiv (auf
     dem Photo dunkler), in b) PAS-negativ bis schwach positiv [auf dem
     Photo blasser und feiner als bei a)].

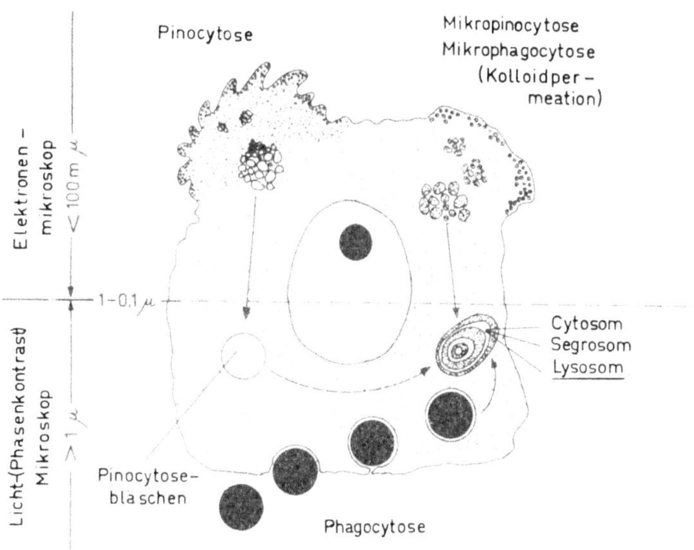

Abb. 9   Schematische Darstellung der Zusammenhänge von Phagocytose und Pinocytose der mikroskopischen und submikroskopischen Größenbereiche mit Mikropinocytose, Mikrophagocytose und Kolloidpermeation (s. Text).

Forschungsberichte
des Landes Nordrhein-Westfalen

Herausgegeben im Auftrage des Ministerpräsidenten Heinz Kühn
von Staatssekretär Professor Dr. h. c. Dr. E. h. Leo Brandt

Sachgruppenverzeichnis

Acetylen · Schweißtechnik

Acetylene · Welding gracitice
Acétylène · Technique du soudage
Acetileno · Técnica de la soldadura
Ацетилен и техника сварки

Arbeitswissenschaft

Labor science
Science du travail
Trabajo científico
Вопросы трудового процесса

Bau · Steine · Erden

Constructure · Construction material ·
Soil research
Construction · Matériaux de construction ·
Recherche souterraine
La construcción · Materiales de construcción
Reconocimiento del suelo
Стронтельство и стронтельные материалы

Bergbau

Mining
Exploitation des mines
Minería
Горное дело

Biologie

Biology
Biologie
Biologia
Биология

Chemie

Chemistry
Chimie
Quimica
Химия

Druck · Farbe · Papier · Photographie

Printing · Color · Paper · Photography
Imprimerie · Couleur · Papier · Photographie
Artes gráficas · Color · Papel · Fotografía
Типография · Краски · Бумага · Фотография

Eisenverarbeitende Industrie

Metal working industry
Industrie du fer
Industria del hierro
Металлообработывающая промышленность

Elektrotechnik · Optik

Electrotechnology · Optics
Electrotechnique · Optique
Electrotécnica · Optica
Электротехника и оптика

Energiewirtschaft

Power economy
Energie
Energía
Энергетическое хозяиство

Fahrzeugbau · Gasmotoren

Vehicle construction · Engines
Construction de véhicules · Moteurs
Construcción de vehículos · Motores
Производство транспортных · Средств

Fertigung

Fabrication
Fabrication
Fabricación
Производство

Funktechnik · Astronomie

Radio engineering · Astronomy
Radiotechnique Astronomie
Radiotécnica · Astronomía
Радиотехника и астрономия

Gaswirtschaft

Gas economy
Gaz
Gas
Газовое хозяйство

Holzbearbeitung

Wood working
Travail du bois
Trabajo de la madera
Деревообработка

Hüttenwesen · Werkstoffkunde

Metallurgy · Materials research
Métallurgie · Materiaux
Metalurgia · Materiales
Металлургия и материаловедение

Kunststoffe

Plastics
Plastiques
Plásticos
Пластмассы

Luftfahrt · Flugwissenschaft

Aeronautics · Aviation
Aéronautique · Aviation
Aeronáutica · Aviación
Авиация

Luftreinhaltung

Air-cleaning
Purification de l'air
Purificación del aire
Очищение воздуха

Maschinenbau

Machinery
Construction mécanique
Construcción de máquinas
Машиностроительство

Mathematik

Mathematics
Mathématiques
Mathemáticas
Математика

Medizin · Pharmakologie

Medicine · Pharmacology
Médecine · Pharmacologie
Medicina · Farmacología
Медицина и фармакология

NE-Metalle

Non-ferrous metal
Metal non ferreux
Metal no ferroso
Цветные металлы

Physik

Physics
Physique
Física
Физика

Rationalisierung

Rationalizing
Rationalisation
Racionalización
Рационализация

Schall · Ultraschall

Sound · Ultrasonics
Son · Ultra-son
Sonido · Ultrasónico
Звук и ультразвук

Schiffahrt

Navigation
Navigation
Navegación
Судоходство

Textilforschung

Textile research
Textiles
Textil
Вопросы текстильной промышленности

Turbinen

Turbines
Turbines
Turbinas
Турбины

Verkehr

Traffic
Trafic
Tráfico
Транспорт

Wirtschaftswissenschaften

Political economy
Economie politique
Ciencias económicas
Экономические науки

Einzelverzeichnis der Sachgruppen bitte anfordern

Westdeutscher Verlag · Köln und Opladen

567 Opladen/Rhld., Ophovener Straße 1–3, Postfach 1620

GPSR Compliance
The European Union's (EU) General Product Safety Regulation (GPSR) is a set
of rules that requires consumer products to be safe and our obligations to
ensure this.

If you have any concerns about our products, you can contact us on

ProductSafety@springernature.com

In case Publisher is established outside the EU, the EU authorized
representative is:

Springer Nature Customer Service Center GmbH
Europaplatz 3
69115 Heidelberg, Germany